Василий Жидков
Тарас Липницкий

Инновационные процессы смены технологического уклада в скотоводстве

AF135591

Василий Жидков
Тарас Липницкий

Инновационные процессы смены технологического уклада в скотоводстве

Молочное скотоводство

LAP LAMBERT Academic Publishing

Impressum / Выходные данные

Bibliografische Information der Deutschen Nationalbibliothek: Die Deutsche Nationalbibliothek verzeichnet diese Publikation in der Deutschen Nationalbibliografie; detaillierte bibliografische Daten sind im Internet über http://dnb.d-nb.de abrufbar.

Alle in diesem Buch genannten Marken und Produktnamen unterliegen warenzeichen-, marken- oder patentrechtlichem Schutz bzw. sind Warenzeichen oder eingetragene Warenzeichen der jeweiligen Inhaber. Die Wiedergabe von Marken, Produktnamen, Gebrauchsnamen, Handelsnamen, Warenbezeichnungen u.s.w. in diesem Werk berechtigt auch ohne besondere Kennzeichnung nicht zu der Annahme, dass solche Namen im Sinne der Warenzeichen- und Markenschutzgesetzgebung als frei zu betrachten wären und daher von jedermann benutzt werden dürften.

Библиографическая информация, изданная Немецкой Национальной Библиотекой. Немецкая Национальная Библиотека включает данную публикацию в Немецкий Книжный Каталог; с подробными библиографическими данными можно ознакомиться в Интернете по адресу http://dnb.d-nb.de.

Любые названия марок и брендов, упомянутые в этой книге, принадлежат торговой марке, бренду или запатентованы и являются брендами соответствующих правообладателей. Использование названий брендов, названий товаров, торговых марок, описаний товаров, общих имён, и т.д. даже без точного упоминания в этой работе не является основанием того, что данные названия можно считать незарегистрированными под каким-либо брендом и не защищены законом о брендах и их можно использовать всем без ограничений.

Coverbild / Изображение на обложке предоставлено: www.ingimage.com

Verlag / Издатель:
LAP LAMBERT Academic Publishing
ist ein Imprint der / является торговой маркой
OmniScriptum GmbH & Co. KG
Heinrich-Böcking-Str. 6-8, 66121 Saarbrücken, Deutschland / Германия
Email / электронная почта: info@lap-publishing.com

Herstellung: siehe letzte Seite /
Напечатано: см. последнюю страницу
ISBN: 978-3-659-58045-1

Содержание

Жидков В.В., соискатель КАЭК

Липницкий Т.В., к.э.н., докторант КАЭК

Новгородский государственный университет имени Ярослава Мудрого

Инновационные процессы смены технологического уклада в молочном скотоводстве регионов России

В стратегическом плане Россия должна стремиться к самообеспечению теми продуктами питания, которые в достаточном количестве могут производиться в стране. Импортные закупки тех или иных видов сельскохозяйственной продукции и продовольствия необходимо осуществлять только лишь исходя из принципа экономической целесообразности. Несмотря на кажущуюся привлекательность импорта как средства решения продовольственной проблемы, закупки кормов и продовольствия за рубежом не могут быть увеличены без огромного ущерба для экономики России. Поэтому только модернизация технологий отечественного агропромышленного производства, переход к инновационному режиму его развития позволят заложить основу для достижения самообеспеченности продовольствием.

Термин и понятие «инновации» ввел в научный оборот австрийский ученый Йозеф Алоиз Шумпетер в первом десятилетии ХХ в. В своей работе «Теория экономического развития» он впервые рассмотрел вопросы новых комбинаций изменений в развитии (то есть вопросы инновации) и дал полное описание инновационного процесса. Он рассмотрел инновацию как новую технологическую парадигму, которая обладает высоким потенциалом рыночного проникновения и обеспечивает предпринимателям дополнительную прибыль, что стимулирует массовые капиталовложения в новые технологии [21].

Российские экономисты [4, 10] считают, что «инновация - это материализованный результат, полученный от вложения капитала в новую

1

технику или технологию, в новые формы организации производства, труда, обслуживания и управления, включая новые формы контроля, учета, методы планирования, приемы анализа. Но тем не менее В.В. Виноградов считает, что «инновация» - это «товар», хотя в словаре-справочнике предпринимателя дано определение «инновация» как «деятельность, направленная на разработку нового товара».

По сферам деятельности: технологические инновации - создание и освоение новой продукции, технологии, материалов, модернизацию оборудования, реконструкцию производственных зданий; социальные - инновации связанные с улучшением условий и характера труда, социального обеспечения; экономические инновации вызывают перемены в формах организации производства и управления им и способствуют повышению эффективности воспроизводства. Торговые инновации - предложение новой продукции и услуг, предоставление или изыскание финансовых ресурсов в форме кредитов и займов, применение новых методов распределения прибыли; экологические инновации проявляются в более эффективных способах использования природных ресурсов и уменьшения вредного воздействия на окружающую среду.

По потенциалу и степени новизны: эпохальные инновации - основные прорывы в развитии человеческого знания, которые явились главными источниками долгосрочного экономического роста; радикальные инновации - это принципиально новые технологии, виды продукции, методы управления. Радикальные инновации связаны со значительно возросшими или вновь возникшими потребностями общества, которые уже не могут быть удовлетворены путем усовершенствования преобладающих технологий; модифицирующие инновации связаны с улучшением, дополнением отдельных параметров продукта, технологии; псевдоинновации - несущественное видоизменение продуктов и технологических процессов.

Ряд исследований выделяют три основных этапа инновационного процесса в молочном скотоводстве. Это исследования (на основе

2

селекционно-генетических методов, лабораторных методов), стадия внедрения, коммерциализация. Конечная цель инновационного процесса в молочном скотоводстве - это создание новых высокопродуктивных пород животных, при помощи новых селекционно-генетических методов использования генофонда, внедрение в производство новых ресурсосберегающих технологий.

Современное состояние инновационного процесса в молочном скотоводстве можно оценить как весьма противоречивое. С одной стороны, низкая рентабельность производства молока 13-15 % не позволяют хозяйствам осуществлять переоснащение и модернизацию ферм. Масштабы обновления техники сокращены до 1-15 % в год, вместо норматива - 10-14 %. Российский рынок техники для животноводства стали заполнять зарубежные фирмы, стоимость продукции которых в 2,5-3,0 раза выше отечественных. По оценкам Росагролизинга, объем российского рынка оборудования для доения и промышленного содержания крупного рогатого скота в 2009 г. составил около 130 млн долл. При этом на импортную технику пришлось 90 % от общего объема продаж. В настоящее время Российская Федерация по техническому и технологическому оснащению, а также по основным показателям производства животноводческой продукции, значительно уступает передовым западноевропейским странам (табл. 1).

Таблица 1 Современные технические и технологические особенности производства молока (2007-2009 гг.)

Технические и технологические особенности производства молока	Удельный вес, %		
	Россия	Европа	США
Способы содержания животных			
На привязи	84	15	3
Без привязи с выпасом	6	78	94

Без привязи без выпаса	10	7	3
Доение коров			
В ведро	54	5	1
В молокопровод	31	30	7
В доильном зале	15	60	84
Роботом	-	5	8
Раздача кормов			
Раздельно	78	25	3
В виде кормосмеси	22	75	97
Затраты и продуктивность			
Продуктивность коров.тыс. кг	4126	7950	8670
Затраты труда, чел.-ч.	2,1-3,0	0,6-0,8	0,4-0,6
Затраты кормов, ц. к.ед.	1,28-1,3	0,7-0,9	0,6-0,8

По данным таблицы, в Европе и США основной тип содержания животных беспривязный, который позволяет значительно увеличивать нормы закрепления животных за обслуживающим персоналом, снизив тем самым трудоемкость производства продукции. Доение животных осуществляется в доильных залах с применением автоматизированных доильных установок со станками типа «Елочка», «Тандем», «Параллель». Кормят животных сбалансированными полнорационными кормосмесями.

Таким образом, стратегическими приоритетами развития агропромышленного комплекса, в частности, молочного скотоводства, являются научно-технический прогресс и инновационные процессы, позволяющие вести непрерывное обновление производства на основе достижений науки и техники [20].

Инновационные процессы в АПК имеют свою специфику, обусловленную многообразием региональных, отраслевых, функциональных, технологических и организационных особенностей. Анализируя инвестиционные процессы в животноводстве, можно выделить три типа инноваций: селекционно-генетические, производственно-технологические, организационно-управленческие [9].

Инновационная деятельность определяет стратегию качественного развития отрасли. С развитием науки и применением инноваций тесно связан процесс совершенствования породного состава молочного стада, осуществляемый за счёт использования лучших пород мирового генофонда крупного рогатого скота.

Для повышения ресурсного потенциала рассматриваемой отрасли в условиях нестабильности развития животноводства и резкого спада производства животноводческой продукции важное значение имеет использование биологического инновационного потенциала, которым являются достижения отечественной и мировой селекции, отражающие важнейшие направления селекционно-генетического потенциала [6].

Коренным признаком инновационной деятельности является ориентация ее на внедрение нововведений в хозяйственную практику, а в широком плане - в социально-экономическую жизнь общества, критерием же, в соответствии с которым нововведения могут быть признаны инновационными, являются рост эффективности, повышение конкурентоспособности выпускаемой продукции и качества жизни населения [14].

Впервые содержательная сторона инноваций была исследована в работах Й. Шумпетера, который показал особую роль предпринимателей в формировании инновационной среды.

В последующем Й. Шумпетер и Г. Менш показали, что процесс создания крупных научных открытий, изобретений и их внедрение в производство носит кластерный характер. Исходя из кластерного (в виде дискретных пучков) обновления производства, они обосновали теорию инновационных волн и технологических укладов, что привело к эмпирическим и теоретическим исследованиям взаимодействия длинных волн конъюнктуры и волн инноваций.

В зависимости от инновационного потенциала нововведений он выделил базисные (прорывные), совершенствующие (улучшающие) и псевдоинновации. Базисные инновации, по его мнению, носят радикальный характер, так как непосредственно связаны с использованием качественно новых научно-технических разработок, становящихся основой для формирования технологических укладов нового поколения. Совершенствующие инновации обеспечивают существенное улучшение технико-технологических или иных параметров производства, а также рыночного положения инноватора в рамках базисных инноваций и сложившихся технологических укладов. Для псевдоинноваций присущи улучшения, носящие в основном декоративный характер и не оказывающие сколько-нибудь значительного воздействия на хозяйственную деятельность. Как правило, они направлены на косметические изменения устаревших поколений техники и технологий, продление срока их службы.

Преодоление технико-технологического разрыва между РФ и развитыми странами предполагает возрождение роли государства в качестве активного участника научно-инновационной деятельности. По нашему мнению, государственная инновационная стратегия должна включать:

-       разработку прогнозов научно-технического и инновационно-инвестиционного развития;

-       выделение отраслей, определяющих инновационное развитие народного хозяйства и их приоритетное инвестиционное финансирование;

-       определение приоритетных направлений инновационного развития с выделением национально значимых базисных инноваций, соответствующих новейшим технологическим укладам, формирующимся в мировой экономике;

-       ресурсное обеспечение национальных инновационных проектов за счет бюджетных ассигнований и привлечения на конкурсной основе частных инвестиций с предоставлением инвесторам (отечественным и иностранным) льгот по налогообложению, кредитованию и т. п.;

- рационализацию пропорций развития между отдельными элементами, составляющими научно-инновационный комплекс;
- стимулирование и структурное оформление интеграционных процессов между наукой и высшей школой, располагающей значительным научным потенциалом;
- поддержку благоприятного инновационного климата для частного бизнеса за счет формирования общей научно-технической и инновационной инфраструктуры;
- преодоление инновационного изоляционизма путем создания и реализации межгосударственных инновационных проектов при одновременной правовой защите отечественных инноваторов;
- создание эффективных структур и механизмов реализации инновационной стратегии и приоритетных инновационных проектов.

Технологические уклады, сложившиеся в этом секторе экономики РФ, в большинстве своем не соответствуют тому технологическому способу производства, который сформировался в развитых странах на базе четвертого и пятого технологических укладов. Его характерными особенностями являются: комплексная механизация, автоматизация и химизация производственных процессов, масштабный переход к использованию возобновляемых источников энергии, широкое применение генной инженерии, биотехнологий, электронизация и информатизация, сокращение зависимости аграрного производства от потенциального почвенного плодородия и природно-климатических условий, усиление его экологической составляющей. В этих условиях, чтобы революционизировать процесс воспроизводства в национальном АПК, недостаточно совершенствующих инноваций. Модернизация в их рамках существующих, в основном устаревших, технологических укладов, по сути, приведёт к консервации нашего технико-технологического отставания, ухудшению конкурентных позиций отечественных предприятий на внутреннем и мировом продовольственных рынках;

Это обусловлено тем, что качество и производительность техники, выпускаемой отечественной промышленностью для АПК, потенциал сортов и пород животных по основным параметрам существенно уступает зарубежным аналогам. В частности, технические возможности трактора Джон Дир-8420 (производитель фирма «Джон Дир», США) превышают на вспашке зяби потенциал отечественных тракторов К-700 - в 1,9, Т-150К - в 3,1, ДТ-75 - в 4 раза. Использование этого трактора на посеве озимой пшеницы обеспечивает рост производительности по сравнению с Т-4А - в 1,3, с ДТ-75 - в 1,7 раза. Сопоставление технико-экономических параметров зерновых комбайнов Джон Дир-9650 и Россельмаш-1500Б также не в пользу отечественной уборочной техники: по производительности имеет место почти двукратное превосходство, что соответственно отражается в расходах на оплату труда, а по нефтепродуктам экономия составляет 28,6% [7].

Стремление и желание к внедрению инноваций, должны быть финансово подкреплено, для чего необходимо поднять доходность предприятий отрасли молочного скотоводства. В России не создана инфраструктура трансфера инноваций, их своевременного освоения, мониторинга, не разработаны механизма и методики оценки инноваций.

Следовательно, от инновационной активности и взаимной заинтересованности потребителей научной продукции и производителей, в значительной мере зависит уровень развития научно-технического прогресса в отрасли молочного скотоводства. Среди важнейших направлений реализации инноваций в отрасли выделяют: качественное изменение в машинной технике, совершенствование технологии производства молока, кормов, разведение новых высокопродуктивных пород животных.

Повышение инновационной привлекательности отрасли возможно на базе решения таких важных задач как устранение диспаритета цен на молочную продукцию и продукцию промышленных предприятий. Из-за ценового диспаритета ежегодно изымается 8-19% валовой продукции или 18-30% товарной. Это серьезные материальные средства, которые являются собственными источниками. Также необходима значительная бюджетная государственная поддержка отрасли и, что особенно важно, изменение принципов и распределения, так как около 90% финансовых ресурсов не поступают непосредственно сельскохозяйственным товаропроизводителям, а оседает в банках в виде компенсаций процентных ставок по кредитам.

Российская и зарубежная наука имеет большой опыт в направлении развития инноваций, интенсивных технологий в животноводческой отрасли, но, тем не менее, указанные достижения очень медленно внедряются в производство, поэтому целесообразно разработать систему мер, стимулирующих внедрение достижений передовой науки, практики, вплоть до того, чтобы уменьшать сумму налоговых платежей сельскохозяйственных товаропроизводителей на размер финансовых средств, пошедших на внедрение и разработку инноваций, новейших технологий производства молока.

Наличие сельскохозяйственной техники в отрасли составляет всего около 50-60% потребности, при ежегодном 10% ее списании. Обновление составляет не более 1,5-2%. Многие молочные заводы, занимающиеся переработкой молока также имеют отсталую, из в года в год, технологически ухудшающуюся материально-техническую базу, на них слабо внедряются новые технологии, инновации.

Цены и ценообразование всегда оказывали большое влияние на результаты финансовой деятельности и положение предприятий АПК. Но особенно усилилась их роль в последние годы в связи с переходом к рыночной экономике.

Преувеличенная оценка эффективности рыночных отношений и действия стихийного рыночного механизма регулирования экономики подтолкнула Правительство только что образовавшейся Российской Федерации в начале 1992 г. к введению свободного ценообразования на сельскохозяйственную продукцию. Само же сельское хозяйство было объявлено не дотационной отраслью. Расчет был на то, что цены, сложившиеся под влиянием спроса и предложения, вызовут прогрессивную структурную перестройку и повысят эффективность экономики [18].

Но произошло то, что и должно было произойти и что происходит в других странах при идентичной ценовой политике в отношении сельского хозяйства. Монополисты - производители средств производства для сельского хозяйства - многократно увеличили отпускные цены на свою продукцию, а предприятия сельского хозяйства не имели возможности в таком же размере повысить цены на свою продукцию в силу резкого сокращения доходов населения в период реформ. В результате образовался диспаритет цен на средства производства для сельского хозяйства и цен на продукцию сельских товаропроизводителей.

Диспаритет цен на продукцию промышленности и сельского хозяйства - общая тенденция рыночной экономики. Однако в нашей стране степень нарушения паритета цен несоизмеримо выше, чем в экономически развитых странах, а под держка государством сельского хозяйства значительно слабее. Необходимо отметить, что за период реформ произошло существенное сокращение дотаций и компенсаций, выплачиваемых сельскому хозяйству из бюджета. Федеральная власть всё в большей и большей мере перекладывает выплату дотаций и компенсаций для сельского хозяйства на региональный уровень.

Действующая система налогообложения сельского хозяйства также является одним из факторов, одерживающим его развитие. Несмотря на то что сельхозпроизводители по ряду налогов имеют льготы, налоговая нагрузка на сельское хозяйство значительна и имеет тенденцию к увеличению. Несмотря на пониженную для сельскохозяйственных товаров ставку НДС, его размер в сельском хозяйстве России - один из самых больших в мире.

Так, во Франции, Германии НДС на сельскохозяйственные товары в 2-4 раза ниже основной ставки НДС, в Великобритании в перечень товаров, облагаемых по нулевой ставке, включены продовольственные товары, в

США вместо НДС установлен налог с продаж, средняя ставка которого составляет 4% к розничной цене.

НДС представляет основную тяжесть для сельского хозяйства. К негативным последствиям применения действующей ставки НДС в сельском хозяйстве можно отнести: 1) затруднение сбыта сельскохозяйственной продукции из-за повышения цены ее реализации; 2) отвлечение собственных оборотных средств сельскохозяйственных товаропроизводителей в условиях неплатежей потребителей за поставленную сельскохозяйственную продукцию, сокращения объема дотаций и компенсаций, выплачиваемых из бюджета, и недоступности кредита из-за высокой ставки процента.

Таким образом, можно констатировать, что ценовая, бюджетная, налоговая, а также кредитная политика, проводимая государством в 1991-2000 гг., ведёт к тяжелому финансовому положению сельскохозяйственных предприятий.

Существенной проблемой, сдерживающей развитие АПК, является также низкий уровень доходов населения и как следствие низкий уровень платежеспособного спроса. Дискриминация в оплате труда сложилась в нашей стране не сегодня. Еще в советские годы уровень заработной платы был крайне низок не только в абсолютном выражении, но даже по отношению к низкой производительности труда. Уровень нашей заработной платы никакими ссылками на более низкую производительность труда оправдать нельзя. Факты говорят об обратном. На один доллар заработной платы российский среднестатистический работник производит в 3 раза больше конечной продукции, чем аналогичный работник США [16].

За такую низкую заработную плату, как в России, тот же работник в США или Западной Европе просто не будет работать. Мировое сообщество в лице соответствующих организаций ООН давно признало, что часовая заработная плата ниже трех долларов является запредельной. Она выталкивает работника за пороговую черту его жизнедеятельности, за которой идет разрушение трудового потенциала экономики. Средняя заработная плата в России в три раза ниже этого порогового значения. И это имеет место в условиях, когда нашему, по существу нищему, по западным меркам, работнику приходится обменивать свой труд на продукцию и услуги, цены которых близки или уже сравнялись с мировыми.

В СССР становление новых технологических укладов (четвертого и пятого) происходило при сохранении продолжающих воспроизводиться предшествующих укладов (второго и третьего) в условиях ведомственно-бюрократической системы хозяйствования и в силу отсутствия механизма своевременного перераспределения ресурсов. Следствием этого явились образование технологической многоукладности экономики и замедление ее темпов роста. Переход к технологиям пятого уклада во всех отраслях экономики, а особенно в аграрном секторе, происходит со значительным запозданием. Исключение составляют лишь отрасли экономики, технологически связанные с ВПК и космосом. Эксплуатация технологий третьего и четвертого укладов приводила к разрастанию ремонтной базы, усиливала зависимость конечных отраслей от первичных, предопределяла избыточную ресурсоемкость их функционирования.

Необходимо признать, что пятый уклад присутствует в экономике России в незначительной степени. По мнению Г.А. Куторжевского [12], доминирующие в экономике страны третий и четвертый уклады все еще не исчерпали своего потенциала развития и экономический рост в ближайшие годы будет во многом зависеть от реализации возможностей этих укладов. К сожалению, на современном этапе развития эти уклады уже не в состоянии обеспечить России выход на тот уровень экономики, который характерен для промышленно развитых стран Запада.

Реформы последних лет не привели к положительным структурным сдвигам в экономике и лишь усугубили ее технологически отсталый многоукладный характер. Более того, происходит свертывание пятого технологического уклада, что отчетливо проявляется в уменьшении доли наукоемкого производства, сокращении финансирования перспективных научных разработок. Становление пятого технологического уклада в сельском хозяйстве и в АПК России в целом в настоящее время только начинается. Техника и технологии именно пятого технологического уклада способны значительно уменьшить уровень энерго- и материалоёмкости продукции АПК. Использование в сельском хозяйстве и АПК морально и физически устаревшей техники и технологий является причиной больших издержек производства (уровень энерго- и материалоемкости продукции АПК в России в 3-4 раза превышает уровень ресурсоемкости аналогичной продукции, произведенной в странах с развитой рыночной экономикой) и значительно меньшей эффективности отечественного производства. В этой связи возникает вопрос о технико-технологическом переоснашении предприятий АПК и поиске для этого источников финансирования.

Таким образом, на основании вышесказанного можно выделить внешние и внутренние ключевые проблемы, препятствующие целенаправленному, устойчивому и эффективному развитию АПК.

В современных условиях оживить инновационную деятельность чрезвычайно трудно. Внутренние побудительные мотивы к инновациям, обусловленные необходимостью замены устаревшего оборудования и освоения новых технологий с целью повышения конкурентоспособности продукции в условиях монополизации экономики и неразвитости рыночных отношений, действуют слабо. Даже при самом интенсивном внедрении рыночных структур инновационная активность в ближайшее время повысится незначительно. Относительно слабое их воздействие на инновационный процесс будет сохраняться до устойчивого проявления внутренних мотиваций к изменениям структуры их производства, адекватным рыночному спросу. В этих условиях решающую роль приобретают внешние стимулы, вытекающие из экономической политики государства.

Централизованная организация инновационной деятельности в стране, характерная для плановой экономики и проводившаяся в целях сохранения единой научно-технической политики, как показала практика, была неэффективной. В настоящее время наиболее приемлемой представляется организация инновационной деятельности с ориентацией, в первую очередь, на региональные особенности и потребности в инновациях. В частности, перспективы инновационного развития АПК связаны с формированием эффективной системы управления инновационно-инвестиционной деятельностью в этой отрасли на региональном уровне. Создание на системной основе целостной модели управления научно-инновационными и инвестиционными процессами в региональном АПК в современных условиях приобретает особую значимость.

Несомненно, что основной движущей силой научно-технического прогресса в любой отрасли народного хозяйства, в т.ч. и в АПК, является сосредоточенный здесь научно-инновационный потенциал, но не менее важным является наличие эффективного механизма использования данного потенциала и создание стимулов для его развития. Следовательно, стратегической целью региональной инновационной политики является создание благоприятной инновационной среды, обеспечивающей превращение научных идей и разработок в рыночные продукты международного уровня, внедрение этих продуктов в производство, а также сохранение и развитие регионального научно-инновационного потенциала.

В стратегическом плане (долгосрочной перспективе) необходимо обеспечить возрождение на новой технико-технологической основе отечественных предприятий, производящих средства производства для АПК. О том, что такая возможность существует, свидетельствует опыт белорусских тракторостроителей, которые успешно конкурируют с известными западными фирмами на мировом и российском рынках. В то же время в краткосрочном периоде импорт зарубежной техники, семенного материала, высокопродуктивных животных необходимо рассматривать в качестве важной составляющей инновационного обновления АПК, обеспечивающий, кроме того, конкурентную среду на рынке аграрных средств производства в РФ;

инновационное обновление производства АПК предполагает реализацию комплексного подхода, дифференцированного по регионам с учетом их специализации, почвенных и природно-климатических условий. Это означает, что при внедрении речь, с одной стороны, должна идти не о приобретении и использовании отдельных технически продвинутых агрегатов, а о системе машин, обеспечивающей комплексную механизацию и автоматизацию всего технологического процесса получения продукции.

- внедрение современных технологий, комплексное решение проблем, стоящих перед АПК, неизбежно предполагает поиск новых организационно-правовых форм предпринимательства, восприимчивых к инновационному обновлению и соответствующего менеджмента. В этой связи одним из ведущих направлений развития агропромышленного производства на современном этапе является формирование разного рода интегрированных структур с привлечением банковского или промышленного капитала. При этом интеграционные процессы могут осуществляться по нескольким направлениям:

■ формирование вертикально интегрированных структур по схеме сверху - вниз, то есть интеграция идет «назад», от конечных стадий переработки сельскохозяйственного сырья к начальным;

■ создание вертикально интегрированных структур по схеме снизу - вверх, то есть когда интеграция идет «вперед», от производства аграрного сырья к все более высоким стадиям его переработки;

■ организация горизонтально интегрированных структур, объединяющих в одно целое предприятия одной и той же специализации.

Как российский, так и мировой опыт доказывает эффективность вертикальной интеграции. Крупные корпорации в этом случае сосредотачивают в своих руках всю технологическую цепочку, например, в птицеводстве — от производства кормового зерна и получения племенных

15

яиц до реализации готовой продукции. В их состав входят птицефабрики яичного и мясного направления, комбикормовый завод, сельскохозяйственные предприятия с необходимыми земельными ресурсами для получения кормов и сеть торговых точек. Также вертикально интегрированная компания имеет, как правило, инкубатор, фермы выращивания, убойные и перерабатывающие предприятия, цех утилизации отходов, систему маркетинга продукции. Свою эффективность доказала глубокая переработка и приготовление готовых к употреблению продуктов.

В случае формирования горизонтально интегрированных агропромышленных структур наиболее часто возникают следующие эффекты: расширение масштабов производства и сбыта; сокращение производственных и иных издержек благодаря увеличению серийности производства или углублению специализации участников объединения; повышение мобильности в распределении финансовых ресурсов и возникающий в этой связи положительный эффект масштаба.

Необходимо отметить, что использование базисных инноваций в предприятиях АПК должно учитывать ряд принципиальных обстоятельств.

Во-первых, инновационный процесс в АПК внутренне противоречив. Интересы хозяйствующих субъектов, разрабатывающих инновационные решения, внедряющих их в производство, и домохозяйств, потребляющих результаты этого производства, разнонаправленны. В частности, производители, инновационно обновляя производство и максимизируя прибыль, стремятся использовать новые интенсивные технологии получения продукции, часто не апробированные с позиций эколого-санитарных норм, возделывать трансгенные сельскохозяйственные культуры с неопределенными последствиями для здоровья человека, применять недостаточно проверенные биотехнологии в животноводстве, что приводит к усилению существующих болезней или появлению их новых видов. Снижение противоречий между производителями и потребителями продукции АПК, по нашему мнению, предполагает усиление роли

16

государства в формировании и регулировании продовольственного рынка, обеспечении его прозрачности (маркировка трансгенных продуктов, указание ингридиентного состава продуктов, полные данные о производителях и т.д.). Государство, являясь гарантом соблюдения социально-экономических интересов граждан, обязано формировать формальную институциональную среду и обеспечивать системный контроль за потребительским рынком.

Во-вторых, значительна специфика воспроизводства в АПК и особенно в центральном его звене - сельском хозяйстве, что непременно должно учитываться при разработке и внедрении инновационных решений. Особый характер воспроизводства в отрасли, связанный с использованием земли в качестве основного средства производства и биологических систем, предполагает использование двуединого подхода к оценке эффективности инноваций в сельском хозяйстве. Общий критерий эффективности - получение максимума продукции при минимуме затрат - должен здесь сочетаться с рациональным воспроизводством земли как особой естественно-биологической системы.

В-третьих, учитывая воспроизводственные особенности АПК, в формировании инновационной системы комплекса должно активную роль играть государство. Как показывает анализ финансирования инвестиций в основной капитал по отраслям АПК, наращивание бюджетных средств приводит к мультипликационному эффекту - опережающему росту привлеченных средств; так, если в 2003 г. на 1 руб. государственных инвестиций привлеченные средства составили 7,5 руб., то в 2007 г. - 14,8 руб. Государственная поддержка также стимулировала формирование инвестиций за счет собственных средств предприятий, рост которых в 2007 г. по сравнению с 2003 г. составил 2,2 раза.

В-четвертых, учитывая, что основные условия производства сельского хозяйства формируются в других отраслях АПК, необходимо проведение единой системной инновационной политики в комплексе, ориентированной на конечные результаты - устойчивый рост производства качественной продовольственной продукции.

Осуществление технологической модернизации и реконструкции действующих объектов животноводства, строительство новых комплексно-механизированных и автоматизированных ферм на базе использования современных достижений науки в области механизации, электрификации и автоматизации, технологии, организации труда и управления, кормопроизводства и кормления позволяют создать условия для производства высококачественной продукции, повышения продуктивности животных и охраны окружающей среды. Модернизация действующих ферм по сравнения со строительством новых объектов позволяет на 30-40% уменьшить инвестиции в здания и сооружения.

Увеличение срока продуктивного использования коров с 2,5-2,7 до 4-5 отелов.

При сложившихся в сельскохозяйственных организациях сроках использования коров, не превышающих 3-х отелов, затраты на воспроизводство стада в общих издержках производства молока составляют 25-30%.

Совершенствование технологии содержания и обслуживания дойного стада, а также ремонтного молодняка для воспроизводства - свободный доступ к кормам, стойлово-пастбищное или стойлово-выгульное содержание, устройство теплого удобного ложа, устранение стрессов, кормление сбалансированными смесями, поение подогретой водой, доение установками с регулируемыми параметрами, обеспечение оптимальных параметров микроклимата в помещениях для отдыха, позволяет не только увеличить продуктивность коров до 15-20% и продолжительность их продуктивного использования до 4,5-5,0 отелов, но и снижать возраст первого отела нетели с 30 до 24 месяцев. Увеличение возраста первого отела всего на 2 месяца по сравнению с оптимальным - 24 месяца, приводит к росту издержек на одну голову на 7,0 тыс. рублей.

Приготовление сбалансированных кормовых смесей с учетом физиологических потребностей отдельных животных и их нормированное кормление также невозможно обеспечить без применения инновационной техники - электронных взвешивающих устройств, дозаторов, смесителей и кормовыдающих систем. В то же время при индивидуальном подходе к нормированию кормления с учетом физиологических требований коров повышается их молочная продуктивность на 20-28%. За счет нормированной выдачи животным только комбикормов можно повысить их продуктивность на 12-15% и на 10-12% уменьшить потребление кормовых ресурсов.

При доении коров в доильных залах со станками различных конструкций успешно применяется индивидуальное нормированное кормление концкормами. Принцип самообслуживания коров в установках «Робот», позволяющий повысить кратность доения с 2 до 3-4 раз в сутки (по мере наполняемости вымени), как показали исследования ученых Польши, Латвии и других стран, приводит к увеличению молочной продуктивности до 11-15% за счет более интенсивного функционирования молочной железы.

Доение в автоматических доильных установках «Робот», в которых выполнение всех операций производится с учетом индивидуальных особенностей коров в автоматическом режиме, можно отнести к классическому принципу использования инновационных достижений в механизации и автоматизации животноводства.

Однако принцип свободного доения коров в «Роботах» в условиях России при стоимости 2-х доильных мест, составляющих 8-10 млн руб., или на корову 35-50 тыс. руб., что в 20-30 раз больше в сравнении с автоматизированными доильными установками, необходимо применять только в предприятиях, где созданы экономические и технологические предпосылки - продуктивность коров не менее 8,0 тыс. кг молока, уровень оплаты труда операторов не менее 20-25 тыс. руб. в месяц, рентабельность производства молока не ниже 35-40%.

Также следует прекратить практику массового импорта из стран

Европы и других континентов так называемого племенного скота для комплектования товарных ферм, не обеспечивая их необходимыми условиями. Срок продуктивного использования импортных животных во многих регионах России не превышает 2,0-2,5 лет, а затраты на комплектование стада достигают при этом до 30% и более в общих издержках производства.

Обобщение передового отечественного и мирового опыта показывает, что существенные результаты в экономике, технологии производства продукции и изменении характера труда работников обеспечиваются не на основе применения отдельных усовершенствований и изменений в конструкциях машин и установок, а на основе создания принципиально новых машин и принципов их работы, обеспечивающих адаптацию рабочих органов машин с организмом животных, автоматическое управление режимами работы исполнительных органов машин с учетом физиологических требований животных на каждом этапе осуществления ими физиологических функций - отдых, молокообразование, молоковыделение, потребление кормов и воды.

Увеличения удельного веса применения беспривязного содержания скота, позволяющего за счет использования принципа самообслуживания, выделения производственных зон повышать производительность труда и снижать инвестиции в здания, сооружения, средства механизации (табл. 2).

Совершенствования способов организации машинного доения коров посредством автоматизации управления технологических операций и расширения объемов применения доильных залов со станками «Елочка», «Тандем», «Параллель» с 3-5% до 35-40% (табл. 3).

Таблица 2 - Применение основных технологий производства молока на животноводческих фермах сельхозорганизаций

Технологии производства молока	Существующее положение		Прогноз			
			2012г.		2020г.	
	млн гол.	%	млн гол.	%	млн гол.	%
Привязное содержание	4,09	95,1	3,6	80,0	4,1	65,1
Беспривязное содержание	0,13	3,0	0,6	13,3	1,6	25,4
Комбинированное содержание	0,08	1,9	0,3	6,7	0,6	9,5
Итого	4,30	100	4,5	100	6,3	100

Применения многофункциональныхизмельчителей- смесителей-раздатчиков кормов, позволяющих:

-      по сравнению с кормлением многокомпонентными рационами, готовить однородные кормовые смеси и обеспечить их выдачу животным;

-      снизить затраты труда на кормление животных в 1,7-1,8 раза, металлоемкость оборудования на 25-30%, повысить продуктивность коров на 12-15%.

Таблица 3 – Способы доения коров в сельскохозяйственных организациях

Способы доения коров	Современное состояние		2020 г.	
	млн гол.	%	млн гол.	%
Доение коров в стойлах				
В переносное ведро	2,46	60,0	0,80	12,7
В молокопровод	1,44	35,0	3,30	52,4
Итого	3,90	95,0	4,10	65,1
Доение коров в доильных залах				
В станках «Тандем»	0,11	2,7	1,06	16,8
В станках «Елочка»	0,09	2,3	0,93	14,8
В станках «Параллель»	–	–	0,20	3,0
Установки других типов	–	–	0,0	0,1
Итого	0,20	5,0	2,20	34,9
ВСЕГО	4,100	100	6,30	100

Восстановления индустриальной базы животноводства. В период до 2020 года необходимо увеличить объемы производства техники не менее чем в 3-4 раза, повысить ее качество, надежность и конкурентоспособность.

Впервые содержательная сторона инноваций была исследована в работах Й. Шумпетера, который показал особую роль предпринимателей в формировании инновационной среды. Предпринимательская деятельность, по его мнению, заключается в «созидательном разрушении» сложившегося экономического порядка путем обновления производства за счет «новых потребительских благ, новых методов производства и транспортировки товаров, новых рынков и новых форм экономической организации» [5]. В последующем Й. Шумпетер и Г. Менш показали, что процесс создания крупных научных открытий, изобретений и их внедрение в производство носит кластерный характер. Исходя из кластерного (в виде дискретных пучков) обновления производства, они обосновали теорию инновационных волн и технологических укладов, что привело к эмпирическим и теоретическим исследованиям взаимодействия длинных волн конъюнктуры и волн инноваций.

В этой связи важное методологическое и практическое значение имела предложенная Меншем группировка технологических инноваций по характеру их воздействия на хозяйственную жизнь. В зависимости от инновационного потенциала нововведений он выделил базисные (прорывные), совершенствующие (улучшающие) и псевдоинновации. Базисные инновации, по его мнению, носят радикальный характер, так как непосредственно связаны с использованием качественно новых научно-технических разработок, становящихся основой для формирования технологических укладов нового поколения. Совершенствующие инновации обеспечивают существенное улучшение технико-технологических или иных параметров производства, а также рыночного положения ин-новатора в рамках базисных инноваций и сложившихся технологических укладов. Для псевдоинноваций присущи улучшения, носящие в основном декоративный характер и не оказывающие сколько-нибудь значительного воздействия на хозяйственную деятельность. Как правило, они направлены на косметические изменения устаревших поколений техники и технологий, продление срока их службы [14].

Уровень развития отдельных этапов инновационного обновления в экономике РФ значительно дифференцирован. Если фундаментальные научные исследования, несмотря на трансформационный кризис, сохранили общемировую значимость, то отставания на этапах НИОКР, внедрения и диффузии оказались не только непреодоленными, но и усилились.

Преодоление технико-технологического разрыва между РФ и развитыми странами предполагает возрождение роли государства в качестве активного участника научно-инновационной деятельности. Государственная инновационная стратегия должна включать:

определение приоритетных направлений инновационного развития с выделением национально значимых базисных инноваций, соответствующих новейшим технологическим укладам, формирующимся в мировой экономике;

ресурсное обеспечение национальных инновационных проектов за счет бюджетных ассигнований и привлечения на конкурсной основе частных инвестиций с предоставлением инвесторам (отечественным и иностранным) льгот по налогообложению, кредитованию и т. п.;

стимулирование и структурное оформление интеграционных процессов между наукой и высшей школой, располагающей значительным научным потенциалом;

поддержку благоприятного инновационного климата для частного бизнеса за счет формирования общей научно-технической и инновационной инфраструктуры;

создание эффективных структур и механизмов реализации инновационной стратегии и приоритетных инновационных проектов.

Существуют следующие принципы использования инновационных технологий в сельском хозяйстве:

- адаптивность, т. е. максимально возможное использование потенциала природных ресурсов и нейтрализация влияния неблагоприятных природныхфакторов для повышения урожайности культур и продуктивности животных, снижения материало- и энергоемкости производства, себестоимости продукции;

- структурность, которая отражает устойчивую упорядоченность элементов технологии;

- иерархичность, когда каждый элемент технологии рассматривается как отдельная система (система удобрений, система обработки почвы, система машин, система содержания животных и т.д.);

- изменчивость, предполагает колеблемость отдельных параметров технологии под влиянием внутренних и внешних факторов;

- развитие, означает переход технология как системы на качественно новый уровень функционирования под воздействием инноваций, научно-технических достижений;

- многовариантность, т. е. учет разнообразных почвенно-климатических условий и использование альтернативных (в том числе зарубежных) не менее эффективных элементов технологии;

- оптимальная интенсивность, когда вложения труда и капитала обеспечивают наивысшую экономическую эффективность, конкурентоспособность производства продукции;

- сохранение элементов природной среды, экологическая безопасность производства.

По данным некоторых авторов, при годовом удое 2000 кг, энергия корма используется коровами на Л 7,8%, а при удое 5000 кг - на 31,4% [17].

Современная экономика, тесное взаимодействие экономических субъектов на микро-, мезо-, макроуровнях, глобализация мирового хозяйства, заставляет прилагать больше усилий для активизации жизнеспособных механизмов развития АПК, заимствуя их у других отраслей или возрождая различные способы достижения более высокого уровня развития сельского хозяйства и перерабатывающей промышленности. К таковым можно отнести кооперативно-интеграционные процессы в АПК, что на современном этапе можно назвать одним из важнейших факторов роста данной сферы.

Развитие кооперационных и интеграционных агропромышленных стратегий представляет собой объективный экономический процесс, который, с одной стороны, обусловлен общественным разделением труда и его специализацией, а с другой – необходимостью взаимодействия между отраслями и видами производства. При этом как кооперация, так и интеграционные механизмы – далеко не новы в развития АПК, хотя в современных условиях приобретают новые формы и содержание.

Безусловное преимущество кооперативов перед другими организационно-правовыми формами в сельском хозяйстве связаны с основными принципами их создания и выражаются в следующем:

– в кооперативах более высокая мотивация труда, есть возможность объединить усилия, сконцентрировать трудовые, материальные, финансовые ресурсы для рационального их использования;

– кооперация позволяет лучше адаптироваться к рынку и гибко реагировать на изменяющийся спрос, возможно совершенствовать предпринимательские способности сельских товаропроизводителей;

– кооперация обеспечивает более справедливое распределение доходов, экономические и социальные гарантии работникам села.

При существовании множественных подходов к определению термина «агропромышленная интеграция» остановимся на определении – это процесс организационного объединения сельскохозяйственных предприятий с предприятиями других сфер АПК, которое имеет экономические мотивы и может происходить в различных организационно-правовых формах, а также последующее укрепление и развития их взаимодействия [13].

Исторический и современный опыт развития сельской кооперации и агропромышленной интеграции показывает, что они прошли эволюцию от простых форм к сложнейшим транснациональным интеграционным формированиям, которые играют в настоящее время определяющую роль.

Слияние — объединение 2-ух равноправных компаний. Поглощение — выкуп одной компании другой.

Слияния и поглощения (англ. mergersandacquisitions, M&A) компаний — комплексы действий, нацеленные на увеличение общей стоимости активов за счет синергии, т.е. преимущества совместной деятельности.

Главная цель любого слияния или поглощения заключается в том, чтоб результат был больше, чем сумма слагаемых (т.е. 1+1=3).

При поглощении одной компании другой компанией все активы поглощенной компании переходят во владение компании-поглотителю. В результате поглощения, более крупная компания становится еще крупнее.

Реализация всей этой совокупности эффектов слияний и поглощений способна повысить уровень социально-экономического развития страны за счет развития предпринимательства, приводящего к созданию новых рабочих мест, росту фонда оплаты труда, развития инфраструктуры.

Эти явления способствуют и создают условия для диффузии инноваций в структурные подразделения сельских товаропроизводителей.

Повышение рентабельности сельхозпроизводства после кризиса 1998 г. стало важным фактором его привлекательности для несельскохозяйственных компаний, объясняется также следующими причинами: направлением инвестиций в сельхозпредприятия в виде неденежных (товарных) кредитов, прежде всего это относится к нефтяным компаниям, которые приобрели сельхозподразделения в ходе процедуры банкротства; надежным обеспечением перерабатывающих предприятий сырьем, холдинги извлекают выгоду, получая продукцию по цене ниже рыночной, а также благодаря гарантированной загрузке собственных мощностей; диверсификацией бизнеса; когда компании снижают финансовые риски путем приобретения сельскохозяйственных предприятий промышленного типа.

Эффективным примером этому является деятельность группы компаний «Адепт», фактически являющейся агрохолдингом функционирующим в Новгородской области.

ЗАО «Адепт» сегодня - это крупная торговая сеть, объединяющая производство свинины и говядины, производство колбас, сосисок и мясных деликатесов, макаронных изделий, оптово-розничную базу, сеть мелкооптовых магазинов и магазинов фирменной розничной торговли продуктами питания. В группу компаний "Адепт" также входят: ЗАО "Адепт"-медфарм, ООО "Адепт Бай-Сел" – работа с недвижимостью, ОАО "Домовой" – переработка древесины.

27

ЗАО «Адепт» - это одна из составляющих холдинга «Адепт», являющаяся головным предприятием.

Для принятия серьезных решений холдингом при ЗАО «Адепт» - головном предприятии холдинга, созданы службы и отделы, которые вырабатывают общую стратегию развития всех структур холдинга.

В конце 2000 года ЗАО «Адепт» на открытых торгах приобрело предприятие-банкрот по выращиванию свиней «Новгородский свинокомбинат», на основе которого было создано дочернее предприятие ООО «Новгородский бекон». Собственное производство свинины позволило обеспечивать мясоперерабатывающий цех высококачественным свежим мясом, отвечающим всем критериям безопасности.

Плюсы для сельскохозяйственных предприятий, обусловленные появлением и развитием агрохолдингов весьма существенны. Благодаря агрохолдингам в село пошли крупные и регулярные инвестиции, приобретается современная техника, внедряются современные технологии, растет требовательность к специалистам и менеджерам, а также их способность работать в рыночных условиях.

Высокая степень насыщенности рынка товарами и услугами требует от предпринимателей столь же высокого уровня их качества. Это приводит к появлению разнообразных форм взаимодействия бизнес-структур и возникающих на их основе новых организационных структур, а, следовательно, и к новому типу структурирования бизнес-пространства. В настоящее время происходит переход от классического (замкнутого) типа существования экономических субъектов, к бизнес-системе со сбалансированными партнерскими отношениями.

Аутсорсинг является инструментом, позволяющим оптимизировать построение бизнес-системы на основе минимизации издержек, обеспечения качества продукции и сохранения производственных активов собственниками.

Используя аутсорсинг, как один из видов взаимодействия с партнерами по бизнесу, компания преследует ряд целей. Во-первых, улучшение качества товаров при конкретных производственных затратах. Во-вторых, снижение цен на реализацию продукции при улучшении качества, за счет максимального сокращения затрат. И, в-третьих, предприятия, использующие аутсорсинг как диффузию (трансферт) инновационных технологий в структурные подразделения, преследуют цель повышения рыночной устойчивости.

Таким образом, можно сделать вывод, что аутсорсинг представляет собой движение к бизнес-системе со сбалансированными партнерскими отношениями.

Элементы подобных отношений можно наблюдать в АПК США. Птицефабрика в районе г. Балтимор имеет замкнутый цикл и входит в число крупнейших производителей птичьего мяса из 60-70 компаний США. «Сердце» птицефабрики - круглогодично работающий инкубатор, дающий цыплят пять дней в неделю. Инкубатор обслуживают 45 человек. Выход составляет 85%, вакцинация эмбрионов производится на автотехнической установке, заменяющей 21 человека. Из инкубатора цыплята поступают в птичники облегченного типа вместимостью 27 тыс., принадлежащие фермерам округа г. Балтимор. Содержание в них напольное, раздача кормов и водообеспечение автоматические, микроклимат регулируется также автоматически. Птичник дает шесть оборотов в год, прирост живой массы - 45 г в сутки. Работают в них фермеры: семья из двух человек обслуживает 6-8 птичников. Птицефабрика обеспечивает фермеров кормами и цыплятами. Цыплята выращиваются 38-39 дней до 3,5 фунтов для ресторанов и 70 дней до 7,5-8 фунтов для магазинов. Убой и разделка туш производится на птицефабрике.

Преимущества такой кооперациится выражается также в том что инкуботоры внедряют инновации в деятельность фермы - в занятости сельского населения, территориальном разобщении производства, обеспечивающем экологическую безопасность.

Логика аутсорсинга проста и в то же время притягательна: если кто-то в состоянии выполнять какие-либо функции фирмы быстрее, лучше и эффективнее, обеспечивая высочайшие стандарты безопасности и контроля, причем эти функции не являются ключевой бизнес-идеей, - фирма должны использовать эту возможность. Таким образом, благодаря использованию системы аутсорсинга, становится возможным повысить эффективность управления компанией.

Успешная реализация региональных конкурентных преимуществ, природного, технологического и человеческого потенциала, определяется доступом к самым передовым технологиям управления, которые обеспечивают динамику экономического развития региона и связанных с ним экономических субъектов. Одним из средств нового видения экономического развития регионов в условиях глобализации является подход, основанный на кластерах.

По мнению Портера в условиях глобализации традиционное деление экономики на секторы или отрасли утрачивает свою актуальность. На первое место выходят кластеры. М. Портер определил кластер как группу географически соседствующих взаимосвязанных компаний и организаций, действующих в определенной сфере и характеризующихся общностью деятельности и взаимодополняющие друг друга.

Кластеры играют роль «точек роста», «прорывного» продвижения в области производства и последующего завоевания новых рыночных ниш. Участники кластера взаимодействуют на основе устойчивых и долговременных договорных отношений, что является ключевым инструментом управления экономической политикой перераспределения добавленной стоимости и комплексного использования социально-экономического потенциала территории и способом диффузии инноваций в сельскохозяйственные предприятия.

Кластерный подход формирует такой механизм взаимоотношений, который позволяет получать эквивалентную затратам прибыль не только тому, кто производит или реализует конечный продукт, но и всем участникам кластера. В этом состоит одно из существенных отличий кластера от сложившихся интегрированных структур, в том числе агрохолдингов, финансово-промышленных групп и др., в которых наиболее ущемленными в доходах оказываются непосредственные сельхозтоваропроизводители.

Речь идёт о создании кластеров не внутри крупных агрохолдингов, а об участии последних в формировании и деятельности специализированных региональных кластеров (молочных, мясных, мукомольных и др. или может стать даже их «ядром»

В аграрной сфере экономики рыночный механизм не в состоянии эффективно выполнять свою главную функцию — быть регулятором спроса и предложения и выравнивать их, не допуская резких скачков цен. Вследствие этого продовольственное хозяйство не является саморегулирующимся. Аграрная сфера экономики объективно не в состоянии конкурировать с другими отраслями народного хозяйства, в связи, с чем требуется иное отношение к сельскому хозяйству со стороны властных структур [3]. Правительство должно играть активную роль в реализации стратегии, направленной на повышение конкурентоспособности АПК.

Комбинированный подход к развитию аграрных кластеров в сельском хозяйстве России обусловлен также принципиальными особенностями сельскохозяйственного производства, такими как его капиталоемкость, низкая фондоотдача, большой срок осуществления окупаемости затрат (от вложения средств до получения продукции в растениеводстве проходит 10-12 месяцев, в животноводстве — два года и более), зависимость от естественных природных процессов, природных и климатических условий, малоэластичный спрос на продовольствие, необходимость вмешательства государства в ценообразование с целью обеспечения более или менее стабильных цен и благоприятного режима торговли и т.д. [8].

Таким образом, более высоким коэффициентом биоконверсии, при создании необходимых условий кормления и содержания, обладают молочные породы скота интенсивного типа.

Для более объективной оценки эффективности использования пород скота при производстве молока целесообразно привлекать дополнительные производственные показатели по каждой породе, имеющиеся в материалах бонитировки. Эффективность производства молока невозможно комплексно оценить, не рассматривая вопросы, связанные с воспроизводством стада, выращиванием ремонтного молодняка, приспособленностью животных к условиям индустриальной технологии производства, поскольку все процессы, происходящие в молочном скотоводстве, взаимообусловлены.

Среди завезенных пород молочного направления продуктивности в количестве 10,3 тыс. голов, 98,4% занимает голштинская черно-пестрая и 1,6% -айрширская. Кроме того, закуплено 7,4 тыс. голов мясных пород крупного рогатого скота, при этом на долю абердин-ангусской приходится 33,7%, герефордской - 27,2%, шароле - 35,0%, калмыцкой - 3,3%, обрек — 0,8%.

В составе закупленного импортного поголовья 16 быков - производителей голштинской породы с удоем матерей свыше 11,5 т молока, Важнейшей проблемой в животноводстве, которую решают селекционеры всех стран, является увеличение коэффициента биоконверсии, то есть, способности животных при минимальном количестве доступного корма эффективно трансформировать его в животный белок. Решение этой проблемы невозможно без использования интеллектуального труда по созданию новых и совершенствованию существующих пород животных, совершенствованию систем кормления и организации труда: по зарубежным данным, достигнутый в экономически развитых странах уровень молочной продуктивности коров является на 50% следствием успехов в племенном деле и на 50% - улучшения системы кормления и содержания животных, а также организации труда.

Ускоренное развитие животноводства в России предполагает создание в короткие сроки эффективного производства, способного конкурировать на мировом рынке с ведущими производителями животноводческой продукции. Особенно остро этот вопрос стоит в связи с присоединением страны к Всемирной торговой организации.

Для того, чтобы увеличить темпы качественных преобразований в молочном скотоводстве и сформировать высокопродуктивное стадо крупного рогатого скота, в хозяйствах России началась массовая закупка племенного молодняка лучших пород мирового генофонда. Так, во время реализации приоритетного национального проекта «Развитие АПК» за период с 01.01.06 г. по 01.01.08 г. на Кубань было завезено 17,7 тыс. голов крупного рогатого скота. Странами-поставщиками животных были Австралия, Франция, Германия, Австрия, Канада, Венгрия, Голландия и республика Беларусь. Кроме того, была произведена закупка скота внутри России - жирностью свыше 4,6% и содержанием белка не менее 3,3%.

Основная часть животных приобретена через систему национальногооператора ОАО «Росагролизинг» - 48,1%.

Целесообразность закупки импортного поголовья сегодня широко обсуждается специалистами. Это связано с тем, что, наряду с очевидным преимуществом быстрой замены существующих малопродуктивных животных экстенсивных пород на высокопродуктивных интенсивного типа, существуют и серьезные проблемы. Дело в том, что приобретение качественного племенного поголовья без изменения сложившихся низкоэффективных технологий производства, часто не приносит ожидаемого результата. Кроме того, по мнению экспертов, скот закупается не всегда лучшего качества и всегда - не адаптированный к российским условиям содержания и кормам. Отсюда проблемы ветеринарного характера, высокие затраты на племенную единицу, падеж ценных животных. Падеж закупленного импортного поголовья в отдельных хозяйствах края достигает 20-30%.

В качестве дополнительного варианта ускоренного обновления поголовья крупно рогатого скота как молочного, так и мясного направления продуктивности, рассматривается использование эмбрионов крупного рогатого скота, импортируемых из развитых индустриальных стран. Ежегодно за счет пересадки сотен тысяч эмбрионов в США, Канаде, Франции выращиваются высокопродуктивные стада животных молочных и мясных пород.

Другим важным направлением поддержки сельскохозяйственных производителей молока является помощь в обновлении дойного стада за счет приобретения для его воспроизводства лучших пород, разводимых в мире. В настоящее время одной из высокопродуктивных молочных пород мирового генофонда является голштино-фризский скот, который последние годы используется в Краснодарском крае как улучшающая порода

Технологическая и экономическая взаимосвязь молочного скотоводства и молочной промышленности является одним из важных факторов, способствующих усилению интеграционных процессов между сельхозтоваропроизводителями и переработчиками сырья. Равная заинтересованность партнеров молочного подкомплекса в успехах друг друга позволяет перераспределять необходимые ресурсы с целью их эффективного использования для получения максимального количества молока и молочной продукции высокого качества.

В последние годы по ряду причин произошел определенный спад в инновационной активности аграрной науки. Даже имеющийся инновационный потенциал АПК используется в пределах 4-5%. Для сравнения этот показатель в США превышает 50%. Многие научно-технические разработки не становятся инновационным продуктом; ежегодно остаются невостребованными сельскохозяйственным производством большинство инновационных разработок.

Получению максимальной продуктивности скота способствуют технологии беспривязного содержания, групповое нормированное кормление сбалансированными кормосмесями, однородными по физиологическим особенностям групп животных, приготовление, доставка и раздача которых производится мобильными смесителями-кормораздатчиками, исключениестрессов при содержании животных, применение машин и оборудования, соответствующих требованиям животных.

Примером комплексного использования инноваций является управление стадом молочного скотоводства по опыту ЗАО "Племенной завод "Ручьи""

Новая концепция управления молочной фермы позволяет контролировать: Продуктивность и здоровье вымени, Обнаружение охоты, Оценка компонентов молока в прямом режиме времени, Вес, Индивидуальное кормление Сортировка коров, Управляющее ПО, Оценка компонентов молока в реальном режиме времени индивидуально для каждого животного во время каждой дойки.

Ежедневные данные о компонентах молока: Жир, Белок, Лактоза, Уровень соматических клеток, Кровь в молоке, Точные лактационные данные, приведенное по жиру молоко за 305 дней (FCM)

Существующие автоматизированные средства выявления охоты: Шагомеры, установки на ногу, Анализ активности, ошейники на шею животного

Система управления молочной фермой применяется в основном на беспривязном содержании животных и направлена прежде всего на: снижение количества обслуживающего персонала (на стаде в 400 голов с 30 человек на привязном содержании до 8-10 человек на беспривязном), помощь ветеринарным врачам при выявлении больных животных, сокращение сервис-периода до 100-120 дней, повышение качества получаемого молока, контроль работы персонала, оптимизация кормления, упрощенный зоотехнический учет.

Применяя данную систему управления стадом, удалось снизить производственную себестоимость молока до 11 рублей за литр на беспривязном содержании, против 16 рублей на привязном.

Увеличение численности животных на ферме, генетически качественных, можно несколькими способами: закупка молодняка или увеличение количества полученных телок посредством собственного воспроизводства. Первый путь быстрый, особенно за счет импорта животных из стран с развитым молочным скотоводством, но весьма дорогой. Второй путь гораздо дешевле, но более длительный.

Решать эти вопросы возможно с меньшими затратами, применяя секстированную по полу сперму, изменяя при этом систему управления стадом. Сейчас все крупнейшие производители молока в мире применяют технологию осеменения собственного поголовья спермой быков-производителей, секстированной по полу. Работы по прогнозированию получения желаемого приплода проводят в мире достаточно давно. Ещё в 1996 году в США был запатентован способ сортировки спермы с помощью лазерного оборудования. Сейчас применение полученной от сортировки продукции приобрело огромную популярность в мире через мощный экономический эффект.

Полученную от быка сперму с помощью лазерного оборудования разделяют на X-хромосомы, несущие женский набор генов, и Y-хромосомы с мужским набором генов. После сортировки порцию спермы с X-хромосомами замораживают в жидком азоте в дальнейшем используют для осеменения животных. Яйцеклетка самки всегда содержит только женский набор генов, или X-хромосомы, следовательно, во время слияния с X-хромосомой спермы быка мы получим телку. Международные стандарты относительно такого вида спермопродукции гарантируют не менее 90% телок в приплоде.

Для сортировки отбирают быков с наилучшими показателями.

Учитывая, что обновление стада является достаточно медленным процессом, необходимого хозяйствам, желающим иметь как можно больше телок в приплоде с отличной генетикой, внедрить постоянное осеменение телок секстированной спермой.

Первые доильные роботы появились на рынке около 25 лет назад в странах, где средний размер хозяйства был относительно небольшим (50-100 дойных коров), на так называемых семейных молочных фермах.

Технологическими преимуществами доильных роботов является то, что коровы самостоятельно определяют, сколько раз в день они хотят доиться. Благодаря этому на 10-15% увеличивается продуктивность в сравнении с общепринятым двухразовым доением в зале. С роботом коровы в среднем доятся 2,7 раза в сутки. Поскольку животных мотивируют прикормкой на посещение робота, то коровы ходили бы в него гораздо чаще только для того, чтобы поесть концкормов, но в систему заложен минимальный интервал между доениями - 6-7 часов. То есть робот впустит в бокс корову, но если с последней дойки не прошло заданное время, то ей не будет выдана порция концкормов, откроется выходная дверь. Чувствительными электрическими импульсами вынудит её выйти из бокса. Такое ограничение связано с тем, что качество (и, соответственно, стоимость) молока зависит от интервала между его выдаиваниями.

Использование доильных роботов в России даёт и существенные психологические преимущества. При применении робота на ферме создаётся более спокойная обстановка, поскольку там почти не остается людей, только скотник периодически чистит стойла. Благодаря этому у коров значительно сокращаются стрессы, которые они получают, когда их перегоняют на преддоильную площадку, загоняют в доильный зал.

Стрессы у коров являются одной из основных причин их ранней выбраковки. У беспривязной технологии в России уже сложилась некоторая история и статистика: коровы выдерживают всего 2,5-3 лактации. В Европе эта цифра выше, не в последнюю очередь из-за спокойных условий содержания.

Еще одно неоспоримое преимущество доильного робота, связанное с проявлением «человеческого фактора», в том, что робот работает без выходных, праздников.

Ферма, на которой будет работать доильный робот, должна иметь планировку, несколько отличающуюся от обычного беспривязного содержания. Это связано с особенностями передвижения к доильному роботу и из него, прохода к корму.

На сегодняшний день в России успешно эксплуатируется несколько современных доильных установок. И это, безусловно, положительный фактор. Дело в том, что в Европе уже около 85% коров содержатся беспривязно, и тенденция перехода на эту технологию сохраняется. В России пока только 5% коров на беспривязи.

Однако применение автоматизированного роботодоения, по мнению Анне Хукстра, на крупных фермах является экономически неоправданным ни с точки зрения первоначальных инвестиций, ни со стороны стоимости их эксплуатационного обслуживания. Один доильный робот может обслуживать до 60 коров. Сейчас производители могут устанавливать до пяти доильных боксов с одним управляющим блоком, но пропускная способность дополнительных боксов составляет 30 коров. Экономическая эффективность доильного робота обусловлена экономией затрат физического труда человека, а соотношение стоимости оборудования и уровня оплаты труда в России увеличивает срок окупаемости доильных роботов в России до 10 раз по сравнению с Европой. Иными словами, покупать доильные роботы на крупную ферму нецелесообразно [2].

Проблемой сельскохозяйственного производства становится отсутствие рабочих кадров в сельской местности. На данный момент все производители сельскохозяйственного оборудования и техники стараются автоматизировать как можно больше процессов и тем самым решить проблему кадрового голода вдали от городов. Однако разработка автоматических систем, и, в частности, доильных роботов, осложняется тем, что в отличие от роботов промышленных, имеющих дело с неодушевленными объектами, они должны взаимодействовать с живыми организмами, которым присуща изменчивость.

Поэтому главной причиной замены повсеместно используемых доильных залов на доильных роботов западные фермеры считают эту очень дорогую рабочую силу. Конечно же, еще плюсами роботов являются увеличение производительности животных, уменьшение заболеваний животных маститом и повышение конкурентоспособности хозяйства.

С появлением новых технологий в сельском хозяйстве, таких как программирование продуктивности животных, урожайности сельскохозяйственных культур, точное земледелие, открываются широкие возможности, обеспечивающие рациональное и эффективное управление процессами роста растений в соответствии с их потребностями в питательных веществах и условиях произрастания, направленное на оптимизацию производства, на рациональное использование ресурсов.

Практический анализ и изучение инновационной деятельности в сельском хозяйстве России показывает, что в настоящее время основными сдерживающими факторами инновационного развития являются:

-недостатки в управлении научно техническим прогрессом, отсутствие тесного взаимодействия государства и частного бизнеса;

- заметное снижение затрат на аграрную науку;

- неподготовленность кадров;

- низкая маркетинговая работа;

- низкий уровень платежеспособного спроса на инновационную продукцию;

- резкое снижение финансирования мероприятий по освоению научно-технических достижений в производстве и соответствующих инновационных программ;

- отсутствие механизма, стимулирующего развитие инновационного процесса в сельском хозяйстве.

Слабым звеном в формировании эффективного инновационного развития АПК является изучение спроса на инновации. Маркетинг не стал еще неотъемлемым элементом формирования заказов на научные исследования и разработки. Как правило, при отборе проектов не проводится глубокая экономическая экспертиза не оцениваются показатели эффективности и рисков, не отрабатываются схемы продвижения полученных результатов в производстве. Это приводит к тому что, как уже отмечалось, многие инновационные разработки не становятся инновационным продуктом.

Зарубежный опыт (Японии, Китая, Южной Кореи, США, Германии и др.) доказывает, что ключевым звеном успешного продвижения разработок на рынок является уровень организации менеджмента всего цикла проекта. По статистике, за рубежом на одного разработчика в науке приходится 10 менеджеров, которые доводят эту работу до кондиции, до того уровня, чтобы его освоить. В России на сегодняшний момент, к сожалению, пропорция обратная.

В какой бы форме ни проводилась инновационная политика, она обязательно должна предусматривать рациональное сочетание государственного регулирования с рыночным механизмом. Эффективными оказываются те формы регулирования, которые, не подавляя рыночных сигналов, упреждают их и снимают неопределенность поиска новых направлений вложений ресурсов. В этом суть инновационной политики государства в регулируемой рыночной экономике.

В России на сегодняшний день еще не сложились ни действенные рыночные механизмы регулирования инновационной деятельности, ни эффективная система государственного регулирования и поддержки инноваций при приоритете рыночных связей и частнособственнических отношений в экономике.

Основные трудности в реализации инновационного потенциала аграрной науки связаны с нехваткой собственных средств у организаций, ограниченностью бюджетного и внебюджетного финансирования, в том числе заемных и привлеченных средств. Спад производства во всех отраслях и сферах агропромышленного производства, постоянный дефицит денежных средств у организаций не оставляют ресурсов для инновационной деятельности.

Инвестиционная поддержка инноваций со стороны государства, особый режим для нововведений, страхование рисков, венчурные фонды, инновационная инфраструктура – это те необходимые условия, без которых нельзя обеспечить инновационный прорыв как государственных организаций, так и организаций других форм собственности.

Большинство развитых государств оказывает значительную поддержку национальному аграрному сектору экономики, нежели Россия. В России поддержка аграрного сектора в целом находится на уровне статистической погрешности и не может влиять на функционирование предприятий.

Одна из существенных причин низкого уровня внедрения инноваций в аграрное производство — слабая мотивация труда руководящих работников. За освоение прогрессивных технологий производства, повышение качества и сокращение материально-денежных затрат на единицу производимой продукции они не получают адекватного материального вознаграждения.

Усугубляющаяся разница в оплате труда способствует оттоку из сельского хозяйства наиболее квалифицированных и трудоспособных кадров. За 2000—2010 гг. трудовые ресурсы в аграрном секторе сократились на 2571 тыс. человек, или на 29,6%. Согласно социологическим опросам, проведенным в 2009—2010 гг. среди сельских жителей учеными Россельхозакадемии, более 70% респондентов среди причин оттока кадров указали неразвитую социальную инфраструктуру, 64,5% отметили низкие доходы и бедность, а 45,8% посетовали на тяжелый физический труд.

Изучение зарубежного опыта по стимулированию инновационной активности в странах с развитой рыночной экономикой показало, что в успешных промышленных компаниях широко используется премирование за индивидуальное техническое творчество и рационализаторство (премии до 100% годовой заработной платы), экономический эффект от внедрения новшеств (надбавки к заработной плате в размере 5—10% дополнительной прибыли в течение первых трех лет). В вознаграждении управленческого и инженерно-технического персонала американские корпорации широко применяют премии за изобретательство. На стратегически важных для фирмы направлениях они могут достигать 25% суммы экономического эффекта в первый год и 10% — в последующие годы реализации проекта. В Германии и Швеции размер премий за инновационные преобразования достигает 15—20% суммы эффекта. Премируются не только руководящие работники, но и рядовые сотрудники, при этом размер поощрения зависит от результатов деятельности того подразделения, в котором они работают. Для менеджеров, участвующих в освоении фирмами нововведений, широко практикуются так называемые отложенные премии — с отсрочкой выплат на период, когда будет реально получена дополнительная прибыль. При этом размер премии корректируется с учетом величины полученного коммерческого дохода.

Анализ накопленного в успешных американских и западноевропейских компаниях опыта показал, что в условиях, когда работник мотивирован, социально и организационно свободен, он может сделать больше, лучше и быстрее, чем тот, кто слепо следует сложившимся приемам и методам труда. Особенно четко это прослеживается в деятельности руководящих работников, которые определяют стратегию и тактику развития организации.

Активизация инновационного развития агропромышленного комплекса особенно актуальна сегодня в связи с вступлением России в ВТО и значительным отставанием от развитых стран по производительности труда в отрасли.

Как показывают исследования многих авторов, наиболее эффективным методом распространения инноваций являются демонстрационные мероприятия (Дни поля, Дни открытых дверей на фермах и т.п.), так как здесь можно увидеть инновацию в действии. В 2011 г. проведены 1491 демонстрационных мероприятий, из них 679 - в растениеводстве, 267 - в животноводстве, 545 - по другим направлениям.

Однако проводимый мониторинг показал, что только в 33 субъектах РФ консультационные организации могут констатировать результаты инновационной деятельности в качестве внедренных инноваций и реализованных инновационных проектов. Результаты учета инновационной деятельности региональных систем сельскохозяйственного консультирования показали, что в 2010 г. при поддержке консультантов были освоены 364 инновации, а в 2011 г. - уже 1311, среди которых большая доля приходится на инновации в растениеводстве (65,7%).

Годовой эффект от инновационной деятельности консультационных организаций оценивается в 2010 г. в сумме 742,2 млн руб. и в 2011 г. -3544,8 млн руб. [4]. Необходимо отметить, что не вся инновационная деятельность консультационных организаций оценивается с точки зрения экономической эффективности, это связано со следующими причинами:

— экономический эффект от внедрения инноваций, как правило, проявляется не сразу а с отложенным промежутком времени, а затем в течение нескольких лет;

— клиенты консультационных организаций не всегда позволяют консультантам разглашать коммерческую информацию;

— нередко эффект от инновации не измеряется, так как дает изменения качественного характера, не подвергающиеся стоимостной оценке;

— не дается стоимостная оценка сопутствующих социальных, экономических и экологических результатов, которые могут оказаться значимее основных экономических.

Проведенное в 19 субъектах РФ анкетирование сельскохозяйственных товаропроизводителей и консультантов по организации трансферта инноваций с помощью консультационных организаций позволило выявить проблемы и собрать предложения по совершенствованию инновационной деятельности.

На основании этих предложений и анализа результатов мониторинга можно сделать следующие выводы:

- для совершенствования форм и методов инновационной деятельности консультантов они должны проходить повышение квалификации по программе «инновационный менеджмент»;

- в консультационных организациях необходимо проводить работу по накоплению инновационных ресурсов, используя различные источники с помощью системы менеджмента знаний;

- укреплять связи консультационных организаций с научными и образовательными учреждениями;

- расширять сеть районных консультационных центров для достижения полномасштабного внедрения инноваций в сельскохозяйственное производство и облегчения доступа к консультационной помощи для сельскохозяйственных товаропроизводителей.

Особенный интерес приобретает взаимосвязь инновационной активности агропредприятий с совершенствованием кадрового менеджмента по вопросам объективной оценки управленческого потенциала, улучшением его количественного и качественного состава. На первый план выдвигается проблема создания технопарков, обеспечивающих развитие инновационной деятельности в аграрной сфере, внедрение прогрессивных аграрных технологий в производство.

По мере интеграции российского сельского хозяйства в глобальную экономику все более осязаемой становится возросшая степень отставания отечественного АПК от ведущих мировых производителей продовольствия по всем компонентам научно-технического развития. Российское сельское хозяйство в настоящее время в 5 раз более энергоемко, в 4 раза более металлоемко и в 8-10 раз ниже по производительности труда, чем в США, Канаде и странах ЕС. Инновационная активность, отражающая долю предприятий и организаций, осуществляющих разработку и использование нововведений, снизилась с 20% в начале 1990-х годов до менее 4% в 1999-2000 гг. и последующие годы [11].

Примечательно, что в США еще в 1914 г. был принят закон Смита Левера о создании службы по распространению знаний и обучению фермеров передовым приемам и методам организации аграрного производства (прообраза современной информационно-консультационной системы). Спустя 80 лет плодотворной работы в 1994 г. эта служба, подчиненная МСХ США, стала называться

Кооперативной службой внедрения и в настоящее время охватывает все уровни управления аграрным производством. Ее основная функция - адаптация рекомендаций науки к местным природноэкономическим условиям - успешно выполняется, позволяя американским фермерам оперативно пользоваться новейшими научными достижениями с учетом специфики и особенностей данного сельскохозяйственного региона [1; 15;19].

Мировой опыт свидетельствует, что распространение новшеств в аграрной сфере наиболее успешно осуществляется именно на основе организации региональных служб сельскохозяйственного консультирования, взаимосвязанных с органами управления АПК, научными и учебными центрами, опытными и передовыми хозяйствами. Служба аграрного консультирования выступает, таким образом, связующим и передаточным звеном инновационной системы АПК, доводящим нововведения до конкретного товаропроизводителя на определенной сельской территории, существенно повышая тем самым его потенциальную конкурентоспособность.

Литература

1. Алтухов А.И. Продовольственная безопасность как фактор социально-экономического развития страны // Экономист, 2008. №5.

2. Анне Хукстра директор по экспорту фирмы Wopereis, Голландия Александр Закревский руководитель сервисной службы ЗАО «НПО "Агротехкомппект" Сельскохозяйственные вести № 4/2008

3. Ахмадеев М.Г., Багаутдинов Р.Г. Кластерные стратегии в агропромышленном комплексе // Российское предпринимательство. — 2007. — № 8 Вып. 2 (96). — с. 38-42.

4. Балабанов И.Т. Инновационный менеджмент. - СПб.: Питер, 2000. - С. 11.- 4.

5. Богатырев А.Н. АПК России: Приоритеты развития инновационных процессов в условиях рыночной экономики (теория, методология, практика) [Текст] / А.Н. Богатырев П. А. Андреев и др. М.: КолосС, 1994.

6. Гришин А.А., Маркова Г.В. Проблемы освоения инноваций в животноводстве // АПК: экономика и управление. 2008. № 9.С. 34-38.

7. Гусев А.Ю. Приоритетные направления инновационной политики в отрасли молочного скотоводства регионального АПК // Вестник Южно-Российского государственного технического университета (Новочеркасского политехнического института). Серия: Социально-экономические науки. 2013. № 3. С. 69-75.

8. Доржиева Е.В. Формирование агропромышленных кластеров как условие инновационного развития региональных систем// «Известия ИГЭА». – 2011. - № 4 (78). – с. 64-69.

9. Заводчиков Н.Д., Бондаренко И.С., Черникова О.Н. Инновационные процессы в молочном скотоводстве региона как фактор экономического роста отрасли // Известия Оренбургского государственного аграрного университета. 2010. Т. 1. № 25-1. С. 95-98.

10. Ильенко С.Д. Инновационный менеджмент. - М.: ЮНИТИ, 1997

11. Инновационная деятельность в аграрном секторе экономики России / Под ред. И.Т. Ушачева, И.Т. Трубилина, Е.С. Оглоблина, И.С. Санду. М.: КолосС, 2007.

12. Куторжевский Г.А. Многоукладная экономика России на рубеже веков // Диалог. 1997. № 5. С. 33.

13. Липницкий Т.В., Никифоров П.В., Никифорова Е.П. Интеграционные процессы в аграрной сфере экономики России / НовГУ им. Ярослава Мудрого. – Великий Новгород, 2009

14. Нечаев Н. Г. Степаненкова Н. М. Трубицына Н. С. Общеэкономические и отраслевые проблемы инновационного обновления агропромышленного комплекса // Вестник Московского государственного областного университета. 2011. №2. С.197-204

15. Организация инновационного развития сельского бизнеса в регионе / Под.ред. В.В. Козлова. М.: МСХ РФ, 2007.

16. Путь в XXI век: стратегические проблемы и перспективы российской экономики / Рук.авт. кол. Д.С. Львов. М • Экономика 1999 793 с.. С. 32

17. Рекомендации. Совершенствование оценки продуктивности молочных коров. – М.: Росагропромиздат, 1988. – 32 с.

18. Рюмина Ю.А. Проблемы и перспективы инновационного развития агропромышленного комплекса // Вестник Томского государственного университета. 2006. № 292-II. С. 385-391.

19. Фисинин В. Концепция развития аграрной науки и научного обеспечения АПК России на период до 2025 года //АПК: экономика, управление. 2007. №7.

20. Шагдурова Э.А. Теоретические основы инноваций и инновационных процессов в молочном скотоводстве // Вестник Красноярского государственного аграрного университета. 2011. № 6. С. 217-222.

21. Шумпетер Й. Теория экономического развития. - М.: Прогресс, 1982.

Printed by Books on Demand GmbH, Norderstedt / Germany